W0404613

DELIUS KLASING

Peter Kurze

VW-Bulli

Flotter Transporter

Delius Klasing Verlag

Folgende Bände der Reihe sind bereits
im Delius Klasing Verlag erschienen:
Borgward Isabella
Citroën DS
Die Ente
DKW-Meisterklasse
Ford Taunus 17 M
Goggomobil
Karmann Ghia
Kleinwagen der Fünfzigerjahre
Lloyd – der Wagen für Dich
Mercedes 190–300 SE
NSU Prinz
Opel Ascona
Opel Rekord
Porsche 356
Trabant
VW-Käfer
Wartburg 311/312

Bibliografische Information der Deutschen Nationalbibliothek
Die Deutsche Nationalbibliothek verzeichnet diese Publikation
in der Deutschen Nationalbibliografie; detaillierte bibliografische
Daten sind im Internet über http://dnb.d-nb.de abrufbar.

2. Auflage
ISBN 978-3-7688-3227-4
© by Delius, Klasing & Co. KG, Bielefeld

Lektorat: Klaus Bartelt
Einbandgestaltung: Gabriele Engel
Layout: Peter Kurze, Gabriele Engel
Lithografie: scanlitho.teams, Bielefeld
Druck: Kunst- und Werbedruck, Bad Oeynhausen
Printed in Germany 2011

Alle Rechte vorbehalten! Ohne ausdrückliche Erlaubnis
des Verlages darf das Werk weder komplett noch teilweise
reproduziert, übertragen oder kopiert werden, wie z. B. manuell
oder mithilfe elektronischer und mechanischer Systeme inklusive
Fotokopieren, Bandaufzeichnung und Datenspeicherung.

Delius Klasing Verlag, Siekerwall 21, D - 33602 Bielefeld
Tel: 0521/559-0, Fax: 0521/559-115
E-Mail: info@delius-klasing.de
www.delius-klasing.de

TOW-AWAY ZONE
NO STANDING
8 AM–9 AM
TOW-AWAY ZONE
NO PARKING
EXCEPT VEHICLES WITH DPL OR FC LICENSE PLATES
BROOKLYN PAINT & WALLPAPER CO.

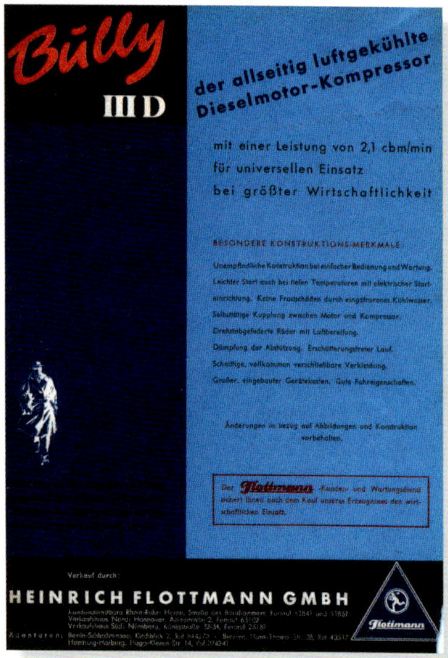

Die Bezeichnung »Bully« verwendeten die Frankenwerk GmbH bis 1962 für einen mobilen Kompressor und die Maschinenfabrik Flottmann in Bochum für Drucklufthämmer des Berg- und Straßenbaus.

Nutzfahrzeug mit Liebhaberstatus

Als man unter einem Volkswagen nichts anderes verstand als jenen zweitürigen, in seiner Form an einen Käfer erinnernden Heckmotor-Personenwagen, in den 1930er-Jahren konstruiert von Ferdinand Porsche, ließ sich die Typenvielfalt auf dem europäischen Automarkt noch als bescheiden und damit recht übersichtlich bezeichnen. Der VW-Käfer mochte zwar einige Nachteile haben, doch durch seine Zuverlässigkeit, seine Robustheit, seine Preiswürdigkeit und ein bis ins letzte Dorf reichendes Servicenetz eroberte er sich in den 1950er- und 1960er-Jahren die Spitze der Zulassungsstatistiken. Der werksintern als Typ 1 bezeichnete Großserienwagen aus Wolfsburg war unübersehbar auch die Nummer 1 auf den Straßen Europas. Ebenfalls zur Nummer 1, und zwar unter den leichten Nutzfahrzeugen, avancierte der 1950 vorgestellte Typ 2, der VW-Transporter. Im Verlauf seines mehr als 60-jährigen Daseins vermochte er sich als ein universelles und in seiner Durchsetzung unerreichtes Nutzfahrzeug für jeden nur denkbaren Einsatzzweck zu etablieren. In seinen verschiedenen offenen und geschlossenen Ausführungen stellte er rund um den Globus seine hervorragenden Eigenschaften überzeugend unter Beweis, was auch für die Kombi- und Bus-Varianten galt: Als Sieben-, Acht- oder Neunsitzer in unterschiedlichster Ausstattung bis hin zum Campingmobil mit oder ohne Hub-, Klapp- oder Aufstelldach, als Expeditions-, Hotel- oder Schulbus, als Baustellen-Zubringer oder rollende Studentenbude hat diese Version ebenfalls jede Bewährungsprobe mit Bravour bestanden.

Eine Reihe meiner Freunde und Bekannten hat »Bullis« verschiedener Generationen über ungezählte Kilometer bewegt, quer durch Europa, durch die USA, durch den vorderen Orient. Mal mit Kindern und Hunden und anderen Reisegefährten an Bord, mal mit Zementsäcken und Hohlblocksteinen, mit Bücherpaletten und Oldtimerteilen, mit Campingausrüstung und Schlauchboot, mit Sportgerät und Expeditionsgepäck, mit Möbeln und Motorrädern und zerlegten Messeständen. Mal bei minus 20 Grad in schneereichen Alpenregionen ebenso wie bei plus 50 im Süden der algerischen Sahara.

Für die VW-Transporter-Baureihen T1 und T2 gibt es auf allen Kontinenten eingeschworene Liebhaber, teils als Fangemeinschaften und in Clubs

Freiheit, die ich meine: Rechtsgelenkter VW-Bulli der ersten Bauserie als Campingfahrzeug, gesehen 1999 auf einem Zeltplatz in Malvern, Worcestershire.

organisiert, teils als Individualisten. In den USA genießt der VW-Bus besonderen Kultstatus; in Mexiko, Südafrika und Australien rangiert er bei Liebhabern seit Jahrzehnten an der Spitze. Ihrem Bulli, der längst zum Sammlerwert gehandelt wird, dabei aber immer noch seiner Zweckbestimmung als Nutzfahrzeug im Sinne des Wortes dient, halten sie ewige Treue, und für sie ist auch dieses Buch entstanden.

Apropos »Bulli«: Ob am Ende mit i oder y geschrieben – diese Bezeichnung war einst der Karl Kässbohrer Fahrzeugwerke GmbH in Ulm für ein Pistenfahrzeug geschützt, und obwohl der Name umgangssprachlich seit jeher für den VW-Transporter bzw. -Bus Verwendung fand, achteten Kässbohrers Juristen streng auf die Einhaltung der Spielregeln. Inzwischen gehören die Namensrechte »Bulli« der Volkswagen AG, und wir dürfen das Kind ungestraft bei seinem Kosenamen nennen. Die Bezeichnung Bully verwendeten aber auch die Frankenwerk GmbH noch bis 1962 für einen mobilen Kompressor, und die Maschinenfabrik Flottmann in Bochum vermarktete jahrelang Drucklufthämmer für den Berg- und Straßenbau, die trotz des Kässbohrer-Edikts ebenfalls den Namen »Bully« trugen, denn die Aggregate waren die der Firma Frankenberg.

Viel Spaß beim Rückblick auf jene bewegten Zeiten, als der Bulli der Baureihen T1 und T2 das Straßenbild in starkem Maße prägte und in seiner speziellen Fahrzeugkategorie noch das Maß aller Dinge war.

VELOCE PUBLISHING PLC
ORU 241R

Neue Dimension der Mobilität

Der enorme Bedarf an Transportmitteln, der sich unmittelbar nach Kriegsende in Deutschland abzuzeichnen begann, war ausschlaggebend für die bereits früh einsetzende Wiederbelebung der deutschen Kraftfahrzeugindustrie – zumindest in den westlichen Besatzungszonen. Als die anfänglich noch bestehenden Produktionsrestriktionen gefallen und etliche Fabriken neu aufgebaut waren, erlebte gerade die Nutzfahrzeugindustrie einen gewaltigen Aufschwung. Aber es waren nicht nur die großen logistischen Aufgaben und Herausforderungen, die dem Fahrzeugbau neue Impulse verliehen. Das Kleingewerbe benötigte ebenso dringend kompakte und wirtschaftliche Transportmittel, die das bisher benutzte Tempo- oder Goliath-Dreirad ersetzen mussten. Einmal, um mehr als nur 250 oder 400 kg Ladegut zu befördern, zum anderen, um ein solches Fahrzeug auch über längere Strecken benutzen zu können – mit einer

Ein aufgemotzter Sambabus der ersten Baureihe, genannt T1, (Originalitätsfanatiker bekommen Zahnweh!) und ein Wohnmobil der Baureihe T2 auf dem gleichen Platz. Auch unter den Briten gibt es zahlreiche Bulli-Fans, und sie finden sich auf alljährlich veranstalteten Treffen zusammen (gegenüberliegende Seite).

Kleinlieferwagen wie dieser Goliath – eine typische »Dreikantfeile« der späten 1930er-Jahre – wurden einst für alle logistischen Aufgaben herangezogen, die das städtische Kleingewerbe zu bewältigen hatte.

Heinrich Nordhoff, 1946 bis 1968 VW-Generaldirektor.
In seiner ersten Ausführung besaß der VW-Bulli T1 noch Flügel- statt Schiebtüren und eine geteilte Frontscheibe (unten).

»Dreikantfeile« bewegte man sich in der Regel nur im lokalen Bereich. Der niederländische Volkswagen-Importeur Benedict (Ben) Pon war es, der nach einem Werksbesuch in Wolfsburg auf die Idee kam, dass sich auf der Plattform eines Volkswagens ein Transporter in Frontlenkerbauweise konstruieren lassen müsste; diesbezügliche Skizzen in seinem Notizbuch tragen das Datum vom 23. April 1947. Hierzu war er von Materialtransportkarren auf Käferbasis angeregt worden – Vorderlader, die er auf dem Werksgelände gesehen hatte. Er teilte seine Überlegungen dem VW-Generaldirektor Heinrich Nordhoff mit, der seinen Entwicklungschef Dr. Alfred Haesner hinzuzog: Es entstand das Projekt mit der Konstruktionsnummer 29, das eine Reifezeit von gut zwei Jahren bis zur Serie benötigte. Bis dahin wurden Versuchsmodelle in unterschiedlichen Ausführungen gebaut, wobei das Heckmotorprinzip vom Käfer zwar übernommen wurde, der Plattformrahmen aber schon bald

einer eigenen und sehr viel belastbarer gehaltenen Konstruktion wich. Aus dem Typ 29 wurde der Typ 2, und mit dem Umsetzen jener Anregung, die von Ben Pon gekommen war, ging nach ausgiebiger Erprobung der Prototypen Anfang März 1950 der VW-Transporter in Produktion. Er wies – wie der Käfer – einen 1131-cm³-Vierzylindermotor in Boxerbauweise auf, der bei 3300 Touren 25 PS leistete. Laut Werksangabe betrug die Höchstgeschwindigkeit 80 km/h, doch ohne Schwierigkeiten ließ sich der zunächst nur in blauer Lackierung erhältliche Kastenwagen auch auf 100 km/h bringen.

Bereits im Juni des gleichen Jahres folgte eine Variante als Kombiwagen mit Fenstern in den rechten Schwingtüren und auf der gegenüberliegenden Flanke sowie weiteren, herausnehmbaren Sitzen, sodass man das Auto mit fünf oder auch sieben Personen besetzen konnte. Eine reine Busversion als Neunsitzer entstand unmittelbar darauf. Im April 1951 erschien eine besonders reizvolle Ausführung in Gestalt des Sondermodells »Samba«: Dieser Bus wies seitliche Dachfenster über der Rundumverglasung auf, ferner ein großes Faltschiebedach, eine komfortablere Innenausstattung, eine Zweifarbenlackierung und viel Chrom.

Ab Mitte April 1951 verwendete man nicht mehr Aluminium für das große VW-Emblem auf der Wagenfront, sondern Stahlblech. In der zweiten Jahreshälfte 1951 stattete man den Kastenwagen mit einem Fenster in der

Zweifarbige Lackierung gab es auf Wunsch. Die Halterung des Rückspiegels lässt erkennen, dass der Wagen vor August 1952 gebaut wurde (oben links).

Bemerkenswerterweise trägt dieser Transporter das gleiche Kennzeichen wie der Wagen links. Man hat es offensichtlich nur zu Fotozwecken verwendet (oben rechts).

Die Busversion des Bulli. Bis Ende Mai 1960 waren die Fahrzeuge noch mit versenkten Klappwinkern versehen.

Der karg ausgestattete Arbeitsplatz im Bulli. Die Tachoskala war bis 80 km/h kalibriert, erst ab Mitte 1953 reichte sie bis 100 km/h. Was Bulli-Chauffeure besonders schätzten, war die hohe Sitzposition und die daraus resultierende gute Sicht.

Trennwand zum Laderaum aus, denn nun hatte auch die Heckklappe über dem Motorraum ein Fernster bekommen. Mindestens ebenso wichtig war die im Frühjahr 1953 eingeführte Synchronisierung des Getriebes (ausgenommen erster Gang) und 1954 die Hubraumvergrößerung auf 1192 cm^3, womit der Boxer jetzt 30 PS abgab. Die Pritschenwagenausführung ging nach den Werksferien 1952 in Serie. Bis Mitte 1958 konnte man den Motor im Notfall noch ankurbeln, bis dahin gehörte auch eine Andrehkurbel zum Bordwerkzeug, und bis Ende Mai 1960 war jeder Bulli noch mit Winkern ausgestattet, bevor diese durch Blinker ersetzt wurden.

An den weit abstehenden Türscharnieren würden Sicherheitsapostel heute kaum mehr Gefallen finden.

In der ersten T1-Serie befand sich bis Ende Oktober 1951 das Reserverad stehend an der rechten Seite des Motorraums, sein Gewicht kompensierte der Benzintank auf der gegenüberliegenden Fahrzeugseite.

Bei ab Anfang November ausgelieferten Fahrzeuge sah man das Reserverad oberhalb des Motors, während der Tank jedoch seine Position beibehalten hatte.

Luftkühlung - eine Weltanschauung

Seit es Automobile mit Verbrennungsmotor gibt, wird um die Kernfrage der notwendigen Kühlung jener Bauteile diskutiert, die durch die hohen Verbrennungstemperaturen, aber auch durch Umsetzung von mechanischer Bewegung in Energie und die dadurch gleichzeitig entstehende Wärme einen Temperaturausgleich benötigen. Argumente, die für eine Verwendung des Mediums Luft zum Wärmetausch sprechen, halten sich mit denen die Waage, die von den Befürwortern der Flüssigkeitskühlung ins Feld geführt werden.
Bis zum Erscheinen des Golf im Jahre 1974 galt das Wolfsburger Dogma von der Luftkühlung. Luft kann nicht kochen, hieß es, Luft kann auch nicht zu Eis gefrieren, »und deshalb ist der Motor eines Volkswagen luftgekühlt«.

Röntgenzeichnung vom VW-Transporter. Bis Ende 1953 gehörte eine hintere Stoßstange noch nicht zur Serienausstattung. Sehr deutlich markiert sich das einzige Handicap des Bulli: mangelnde Durchlademöglichkeit bis zum Wagenheck, bauartbedingt durch die Abstammung des Fahrzeugs vom VW-Käfer.

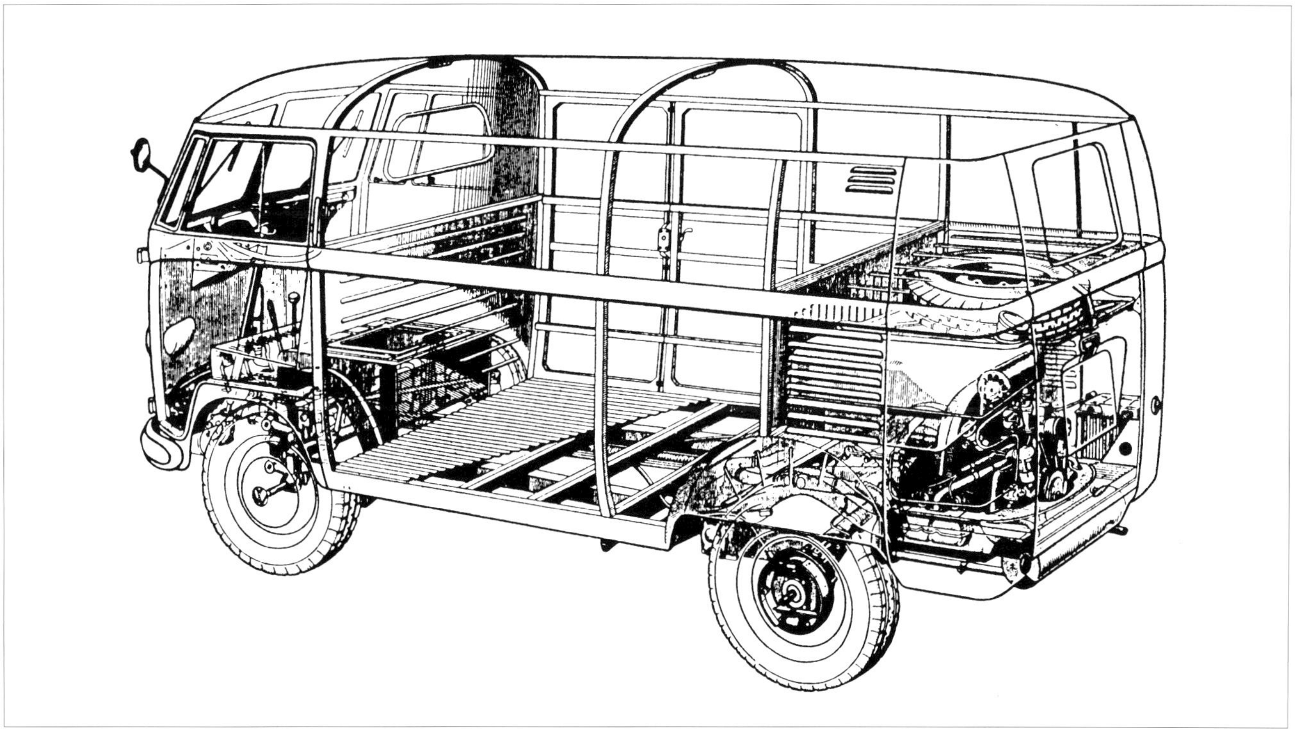

So, wie es Professor Porsche und sein Team für den Käfer in den 1930er-Jahren konzipiert hatten. Durch seine Luftkühlung wurden der Käfer und dementsprechend auch der VW-Transporter/Bus zu idealen Fahrzeugen für den Einsatz in tropischen Gebieten oder solchen mit tiefen Minustemperaturen. Mit diesem Produktvorteil sicherte sich Volkswagen Märkte in klimatischen Problemregionen rund um den Globus.
Zu den Vorteilen der gebläseunterstützen Luftkühlung gehört es, dass der Motor nach dem Anlassen schneller seine optimale Betriebstempe-

Abtriebsseite des VW-Boxermotors im Bulli mit angedeutetem Kühlluftstrom.

ratur erhält und dass es keine langen Kühlflüssigkeitswege gibt, keine defektanfällige Wasserpumpe, kein Problem bei etwa versäumten Frostschutzmaßnahmen. Ein Wasserkühler mit allem Drum und Dran und der Füllmenge seiner benötigten Flüssigkeit wiegt zudem eine ganze Menge. Natürlich wussten die Volkswagen-Konstrukteure auch um die Nachteile der Luftkühlung. Ein luftgekühlter Motor ist lauter (weil er keinen geräuschdämmenden Wassermantel hat), und die Abzweigung von warmer Luft zum Heizen des Wageninneren ist auch nicht ganz problemlos.

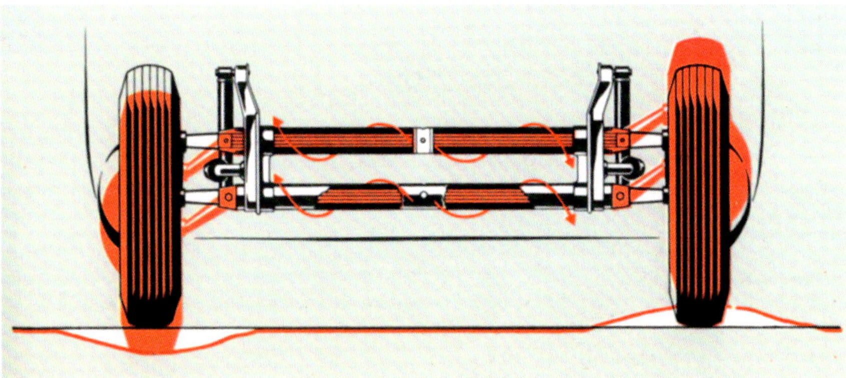

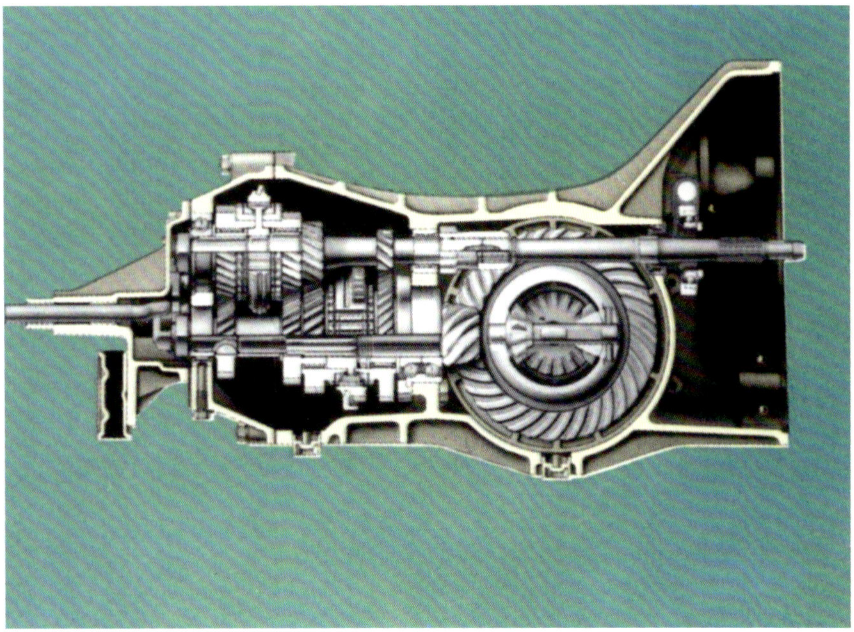

Der Aufbau der Achsen entsprach weitgehend dem des VW-Käfer. Das Getriebe wies einen unsynchronisierten ersten Gang auf; im Verlauf des Jahres 1953 wurden die Übersetzungsverhältnisse der Gänge mehrmals geändert (links).

Abbildungen aus einem der ersten Prospekte für den VW-Bulli. Rechts ein VW-Kastenwagen, unten ein VW-Pritschenwagen »Pick-up«.

Die Illustrationen des Berliner Grafikers Bernd Reuters ließen das Nutzfahrzeug als einen eleganten Luxusliner erscheinen. Links ein VW-Achtsitzer, unten VW-Transporter.

Während es den Kastenwagen als Grundmodell von Anfang an gab, erschien der luxuriöse Sambabus mit seinen Dachfenstern über der Rundumverglasung und dem großen Faltschiebedach erst im Juni 1951. Die etwas größere Heckklappe beim Kastenwagen deutet auf einen Prospekt von Mitte 1953 hin.

Eine größere und unten angeschlagene Heckklappe machte den Bulli als Krankenwagen verwendbar. Bis Ende 1951 wurde die Ambulanzversion jedoch ausschließlich bei der Firma Miesen in Bonn angefertigt.

Den Bulli als Kombi bot VW einen Monat nach Einführung des Transporters an. Die Standardlackierung war Taubenblau. Auch in seiner Ausführung als Sieben- oder auch Achtsitzer erfreute sich der Kombi großer Nachfrage.

Die Nutzung der Fläche über dem Motorraum in Verbindung mit der nach unten vergrößerten Heckklappe machte den VW-Bus als Reisewagen noch praktischer. Das Reserverad fand ab März 1955 seinen Platz hinter der Rückenlehne der Frontsitze. Ein zweiter Außenspiegel, wie hier zu sehen, wurde erst ab November 1956 serienmäßig geliefert.

1 Schwenkfenster
2 Spezial-Dachbordbelüftung
3 Schiebefenster
4 Sonnendach (Bauart Golde)
5 Dachbordscheiben, strahlungsabsorbierend
6 Ausstellfenster
7 Gepäckraum für 16 Reisekoffer
8 VW-Motor, weltbewährt in 2 ½ Millionen Exemplaren
9 Ausgleich-Getriebe
10 doppelt wirkende Teleskop-Stoßdämpfer
11 Drehstab-Federung
12 doppelt isolierte Warmluft-Heizung

Die Firma Westfalia und andere Spezialisten hatten bald erkannt, dass es einen großen Markt für Wohnmobil-Ausstattungen gab. Für zwei Erwachsene und ein oder zwei Kinder war das VW-Wohnmobil die beste Alternative zu einem Wohnmobil am Haken, zumal die Einrichtung demontierbar war.

Der perfekte Allrounder

Es folgten Schritt für Schritt Verbesserungen und Perfektionierungen; Mitte 1960 war man bei 34 PS angelangt (die Tacho-Kalibrierung reichte jetzt bis 120 statt bisher 100 km/h), und ab Herbst 1962 gab es auf Wunsch eine 1493-cm^3-Version mit 42 PS. 1963 wurden serienmäßig Schiebetüren eingeführt, 1965 leistete der größere Motor 44 PS, 1966 spendierte man dem Auto schließlich eine 12-Volt-Stromanlage.
Die Nachfrage nahm stetig zu, besonders nachdem mit Einführung des 1,5-Liter-Motors die Nutzlast von bisher 750 auf 1000 kg erhöht worden war. In Wolfsburg erlaubte die Produktion des Käfer keine Fertigungsexpansion, sodass für den Bulli ein eigenes Werk gebaut wurde; es entstand 1955/56 in Stöcken, einem nordwestlichen Randbezirk Hannovers. Dort gingen auch die Doppelkabine sowie der Pritschenwagen in Serie.

Am 8. März 1956 begann im neuen VW-Werk Hannover-Stöcken die Serienproduktion des Bulli. Die Fläche des Baukomplexes betrug 120 000 Quadratmeter, für die Errichtung der Fabrik wurden 9 Millionen Arbeitsstunden aufgewendet.

Im Jahr der Inbetriebnahme des Werkes Stöcken produzierte Volkswagen 62 500 Bullis, was einer Quote von rund 270 Fahrzeugen pro Arbeitstag entsprach.

Im Werk Stöcken waren im ersten Jahr etwa 4950 Mitarbeiter beschäftigt, im Werk Wolfsburg 28 900. Dieses Foto entstand anlässlich einer Führung von Journalisten.

Straßenbahn-Reparaturtrupp der Kieler Verkehrsbetriebe AG. Ein Foto von ca. 1958/59.

KVAG
Wg. 384
Kl-EE 12
FLASCHEN-
AUTOMAT

Längst gehörte der Typ 2 in den unterschiedlichsten Bauformen zu den Fuhrparks der Kommunalbehörden: Stadtverwaltungen, Bau- und Straßenämter, Polizeibehörden, Feuerwehren, Schifffahrtsämter, die Bundespost, auch die Bundeswehr und der Zivilschutz kamen ohne den Bulli nicht mehr aus. Er diente als Ambulanzwagen, wurde von der Firma Westfalia zum Campingmobil ausgebaut (was eine neue Form des Reisens populär machte), diente als Geräteträger und Verkaufsfahrzeug. Vor allem aber wurde der Bulli seiner ursprünglichen Zweckbestimmung gerecht:

Was diese Herren unter Wasser filmen, ist nicht für ein Fernseh-Unterhaltungsprogramm gedacht, sondern dient der Untersuchung von Schäden im Kanalisationssystem. Das Fahrzeug wurde in dieser Ausführung ab Mitte 1955 ausgeliefert, das Kennzeichen lässt auf eine Zulassung von 1956/57 schließen.

als universelles Transportmedium für das Handwerk und das mittelständische Gewerbe, das in jener Zeit, die wir rückblickend gern als die des deutschen Wirtschaftswunders bezeichnen, einen enormen Aufschwung nahm. Die Anschaffung eines VW-Transporters machte sich in jeder Branche schnell bezahlt.

Das Ingenieurbüro Atlas Kiel, kurz IBAK, ist auch heute noch ein bedeutender Hersteller von Inspektionsanlagen zur Untersuchung schwer zugänglicher Rohrleitungen und Brunnenschächte.

Unterwasser-Fernsehen
IBAK

Der Bulli als mobiler Arbeitsplatz für Techniker, Ingenieure, Wissenschaftler.

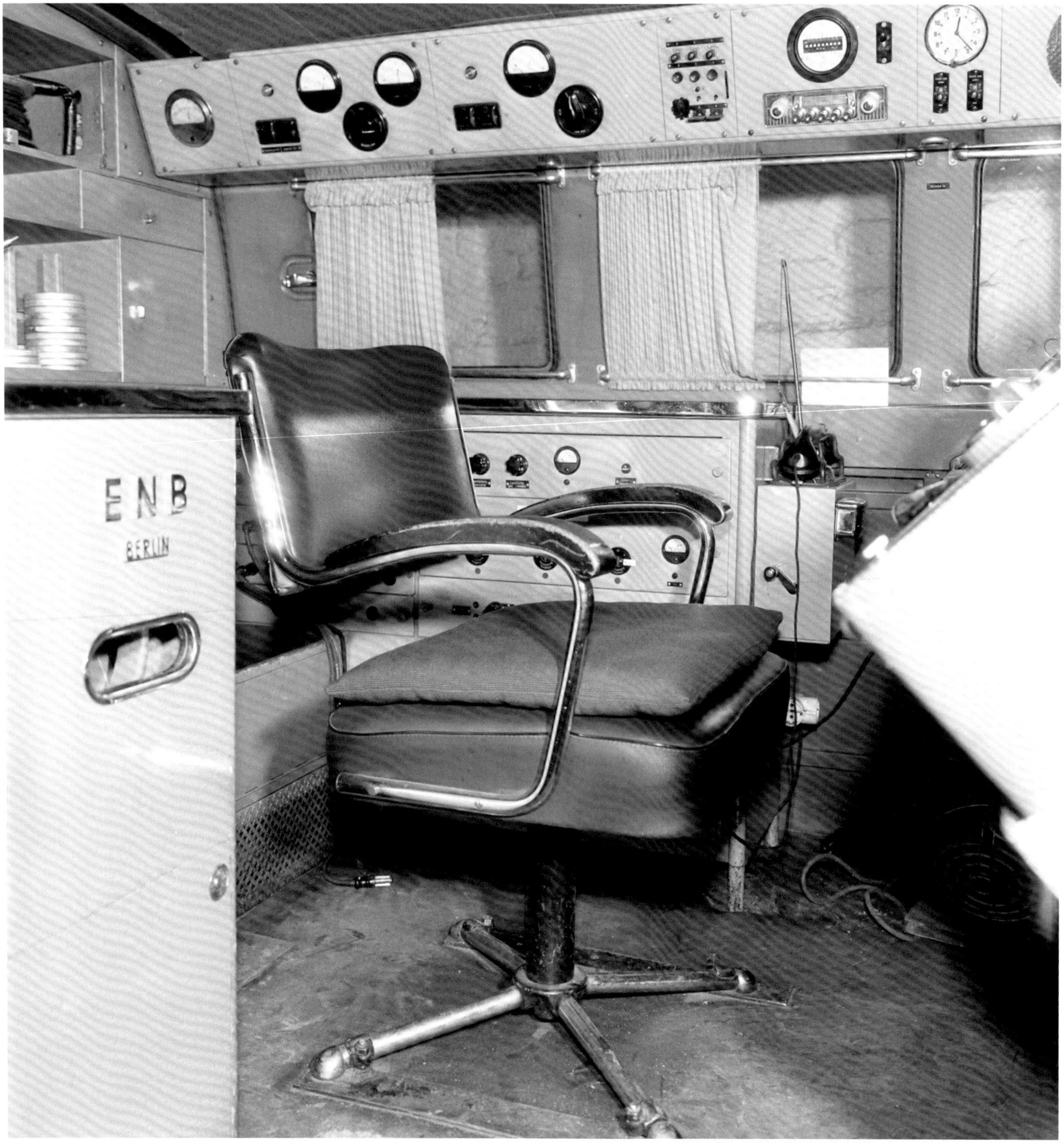
E N B
BERLIN

Die Ausstattung dieses Studiowagens dürfte ein Vielfaches vom Grundpreis des Bulli gekostet haben. Als Kombi kostete er von 1954 bis 1961 6275 D-Mark (linke Seite).

Sein strahlendes Verkäuferlächeln übt der freundliche Kaffee-Vertreter in einem Rückspiegel, dessen Halterung ab März 1955 auf dem oberen Türscharnier sitzt.

Von den 1950er-Jahren an gehörte der VW-Transporter jahrzehntelang zum Standardfahrzeug im Fuhrpark vieler Firmen.

Abnahme eines Bulli für eine Werksfeuerwehr in Stuttgart.

Ein origineller Werbeträger mit Kennzeichen, wie sie noch bis Ende 1957 Gültigkeit besaßen.

SPANIEN
5

Ein Messebau, der für Spanien wirbt, wird mit Bananen bestückt ... obwohl die nicht gerade typisch für die Iberische Halbinsel sind ... Der Bulli weist noch keine hintere Stoßstange auf.

Im Verkehrsbild nicht nur deutscher Städte eroberte sich der VW-Bulli schon bald seinen festen Platz.

Ein Fahrzeug mit Behördenkennzeichen der Stadt Berlin (West). Der Bulli des Modelljahrgangs 1957 erhielt serienmäßig nun auch einen Außenspiegel auf der rechten Fahrzeugseite. Aber man kam nach wie vor mit nur einer Bremsleuchte aus, auch waren die Rückleuchten noch von minimaler Größe.

Bevor die Halterung des Rückspiegels auf das Türscharnier wanderte, befand sie sich auf dem Fensterholm. Schwenk- und Schiebefenster sorgten für Frischluftzufuhr im Fahrerraum (rechte Seite).

H
K
K
Heinrich Kessler

Kessler Weinbrand
BN 75-6597
BN 75-6451

Was die (hoffentlich stocknüchternen) Vertreter einer Schnapsfirma unbeabsichtigt demonstrieren, ist die beliebige und nicht sehr vorteilhafte Ruheposition der Scheibenwischer (linke Seite oben).

Darunter: ein für den Schienenbetrieb umgerüsteter Bulli der Deutschen Bundesbahn.

Kombi als Einsatzwagen der Polizeibehörden von Wiesbaden.

Ein ganzes Arsenal an Verkehrszeichen – mit einem etwas makabren Unfall-Warnschild – gehörte zur Ausstattung des Wiesbadener Polizei-Bullis.

Mobile Radarfalle der Westberliner Verkehrspolizei.

Einsatzfahrzeug der Verkehrspolizei Bremen.

Fahrzeuge der Polizeibehörden von Bremen (oben) und Berlin (unten).

B 5 - 25

Eine »Grüne Minna« der West-Berliner Polizei im Einsatz (linke Seite).

Ein mit Vorführgeräten, Schneide- und Tonbandtisch sowie Filmrollen bestückter Schiebedach-Kombi der Hessischen Landespolizei.

Das rollende Kino der Hessischen Polizeibehörden diente dem Aufklärungswesen in Sachen Verkehrserziehung.

Tausendundein Einsatzzweck für den Bulli – auch durch die Tiefbauämter wie hier bei der Verwendung eines Metall-Detektors oder durch die Behörden für Strahlenschutz.

Gute Zeiten, schlechte Zeiten: Aufnahmen aus dem Verkehrsgeschehen, als Vorkriegswagen und Brezelfenster-Käfer noch zum Straßenbild gehörten.

49-4843
36-3335

52
31-3069

Der Bulli als Pritschenwagen, mit oder ohne Planenverdeck, war universelles Transport- und Arbeitsgerät in einem. Als sehr nützlich erwies sich der abgeschlossene Zusatzstauraum unterhalb der Ladefläche, nur war dieser bei heruntergeklappter Ladebordwand nicht zugänglich.

Urlaubsidylle in den Bayerischen Alpen, Sommer 1957. Hinter dem Ponton-Mercedes ein VW-Sambabus mit vollem Chrom-Ornat (rechte Seite).

GP-N 37
55-054

AE 29-3601

Urlaubsfahrt eines Bremer Ehepaars mit einem zum Wohnmobil umfunktionierten VW-Kombi und einem Außenborder-Katamaran als Dachlast. Andere Bulli-Eigner nutzten die Dachfläche ihres Fahrzeugs auch für die Montage einer Plattform für ein Schlafzelt, entweder von außen zu erreichen oder durch eine Schiebedachluke.

Wochenend' und Sonnenschein ... In der Zeit des Wirtschaftswunders gehörten Reisen im eigenen Wagen bald zu einem lange entbehrten Vergnügen. Wer über einen VW-Bus als Geschäftswagen im Alltag verfügte, setzte ihn auch für Freizeit und Urlaub ein. Kein anderes Auto hatte diese Mehrfachnutzung bisher in so idealer Weise ermöglicht.

V 343

WN-PY 78

Gleichzeitig wie beim VW-Käfer werden beim Bulli im Juni 1960 die Winker durch Blinker als Richtungsanzeiger abgelöst. Zunächst sitzen sie als spitze »Warzen« an der Wagenfront.

Ein Wolfsburger Werkswagen – es ist ein Sambabus – im Sommer 1960 auf einer Werbetour zu Fotoaufnahmen für das Delmenhorster Modehaus Delmod an der Nordsee.

Der gleiche Wagen dient dem Fototeam als Mittelpunkt der fröhlichen Ferienszene. Wirkungsvoll ragt ein zweiter Bulli ins Bild.

Die Model-Crew der vorhergehenden Seiten mit ihren beiden Bullis auf dem Flughafen Bremen vor einem Flugzeug der 1951 gegründeten Transair Sweden AB.

Große Hotels setzten den komfortablen und repräsentativen Sambabus gern als Flughafen-Zubringer ein. Diese Aufnahme wurde 1960 auf dem Flughafen von Bremen gemacht. Nach dem Krieg wurde der Flughafen zunächst von der amerikanischen Besatzungsmacht genutzt, hauptsächlich wurde er von Militär-Transportmaschinen angeflogen. Das US-Militär gab am 27. Januar 1949 den Verkehrsflughafen wieder für den Zivilbetrieb frei.

Das Interieur des Sambabusses.

rasch, sauber,
bequem und billig
GAS

Auf der rechten Fahrzeugseite wurden beim Kombi, beim Kastenwagen und der Pritsche die zulässigen Achslasten auf der Karosserie vermerkt – die »Straßenverkehrszulassungsordnung« (StVZO) schrieb es so vor.

Unser aller Freund und Helfer bei der Verkehrsüberwachung natürlich im VW-Bulli: Radarfalle am Straßenrand. Innerorts führte man in Deutschland im September 1957 ein Tempolimit von 50 km/h ein.

Einsatzwagen der Hessischen Landespolizei von 1960/61.

Temposünder aufgepasst, wenn bei diesem Bulli die hintere Klappe geöffnet ist …

WI
3619

Was dieser Herr hier versprüht, dürfte ein Desinfektionsmittel sein. Einen Rotationslüfter auf dem Dach gab es für den Kombi, den Kastenwagen und den Achtsitzer.

Herbst 1961: Nach dem Bau der Mauer wurde Ostberlin von westlicher Seite mit Propaganda aus Polizeilautsprechern beschallt. Die Aufnahmen – siehe auch nachfolgende Seite – entstanden an der Sektorengrenze zwischen Kreuzberg und Friedrichshain.

YOU
SECTOR

Sonderausführung des Kastenwagens mit Hochdach als Verkaufsfahrzeug, lieferbar ab September 1961.

Der Hochdach-Bulli als Verkaufsfahrzeug in Aktion. Auch andere Branchen wussten das Plus an Innenhöhe zu schätzen.

Selbstverständlich gab es den Verkaufswagen auch mit normaler Karosseriehöhe.

950 kg
1865 kg

Die Pritsche in Kipperausführung für Schüttgut. Die Ladefläche wurde hydraulisch mit Handpumpe betätigt.

Der Bulli im Verkehrsalltag der Großstädte. Aufnahmen aus München (oben und unten) sowie Hamburg (Mitte). Die größeren, mit den Blinkern zusammengelegten Zweikammer-Rückleuchten erhielten die Fahrzeuge ab August 1961.

Hoch hinaus! Hydraulische Teleskop-Arbeitsbühne auf der Plattform eines Bulli von 1965 sowie mechanische Auszieh-Drehleiter, die auf dem VW-Werksgelände stationiert war.

RUTHMANN
WOB V 885

Ein weiterer Wagen mit hydraulischer Hub-Arbeitsbühne demonstriert an einem Vorführtag auf dem Werksgelände in Stöcken (linke Seite).

Arbeitsfahrzeug für die Straßenbahn-Schienenkontrolle der Hamburger Verkehrsbetriebe. Es handelt sich um eine Doppelkabine, wie sie ab November 1958 lieferbar war. Man beachte die Rundum-Warnleuchte auf einem extra hohen Turm.

Einzelstück in Extrem-Erprobung: ein Bulli mit Raupenketten im Gelände. Die Bundeswehr schien kein Interesse an einem solchen Fahrzeug zu haben, denn der Wagen blieb ein Prototyp. Wie bei Kettenfahrzeugen üblich, erfolgte das Lenken durch Abbremsen des einen oder anderen Laufkettenantriebs.

Der Bulli in überarbeiteter Ausführung (hier als Sambabus) des Jahrgangs 1963, erkennbar unter anderem am neuen Blinker mit geriffelten, gelb hinterlegten Flachgläsern an der Wagenfront. Der Eintonner hat jetzt einen 42-PS-Motor, eine verstärkte Vorderachse, stärkere Antriebswellen, schlauchlose 14-Zoll-Reifen, eine größere Heckklappe mit breiterer Scheibe sowie Druckknöpfe in den Türgriffen.

Verladung von Volkswagen in Export-ausführung am Autoterminal im Hafen A der Hansestadt Bremen.

Die in Bremen verladenen Fahrzeuge im Frachtraum. Die Ausführung der Stoßstangen lässt den Schluss zu, dass die Wagen in die Vereinigten Staaten von Amerika exportiert werden sollten. Bis Ende 1964 wurden in den Staaten rund 268 000 VW-Transporter und -Busse abgesetzt.

Man feiert die Fertigung des 1 000 000. Transporters. Die Werkskapelle spielt auf, Gäste sind eingeladen: Am Sonnabend, den 6. Oktober des Jahres 1962 gab es einen »Großen Bahnhof« für VIPs aus aller Welt. Den 100 000. Bulli hatte man am 9. Oktober 1954 feiern können, am 25. August 1959 war der 500 000. Transporter vom Band gelaufen.

Der 1 000 000. Bulli war ein Sambabus. Volkswagen verband die Feier mit einer Schau der gesamten Modellpalette des Transporters – übrigens eine Bezeichnung, die sämtliche Varianten des Typ 2, so auch den Bus, mit einschloss.

1 Million Volkswagen-Transporter

1 Million

Die zweite Generation des Bulli

Beim 1967 eingeführten neuen Transporter fällt vor allem die einteilige, leicht gewölbte Frontscheibe auf. Die Entwicklung der zweiten Baureihe des VW Typ 2 hatte mehr als drei Jahre in Anspruch genommen. Besonderer Wert wurde dabei auf höhere Sicherheitsmaßstäbe gelegt. Der Wagen war um 14 cm länger geworden und wies innen wie außen eine Vielzahl von Verbesserungen auf.

Nach 1,8 Millionen Exemplaren – ein Weltrekord in sich – wurde im August 1967 das intern T1 genannte Modell durch den im Prinzip baugleichen, aber in vielen Details modifizierten T2 abgelöst. Hannover-Stöcken war längst zur ausschließlichen Heimat des VW-Nutzfahrzeugbaus geworden. Der T2 blieb bis Mai 1979 im Programm, also zwölf Jahre. Der Vorgänger hatte es auf 17 Jahre gebracht.
Wie der T1 wurde auch der T2 zum Bestseller. Die vom August 1967 bis zum Juli 1971 hergestellte Ausführung bezeichnen die Insider als T2a, sie

weist noch die Heckpartie des T1 auf, mit einem herausnehmbaren, durch Schrauben gehaltenen Heckquerblech, kleinen ovalen Rückleuchten, runden Kühllufteinlässen und vorderen Blinkern, die sich tief am Fahrzeugbug befinden. Anschließend wurde ein Übergangsmodell produziert, das eine geänderte Heckpartie aufweist. Ab August 1973 – der Wechsel vollzog sich stets mit Beendigung der alljährlichen Werksferien – wurde der Typ T2b hergestellt, jetzt mit größeren Blinkern, die an den Enden des Lüftungsgitters an der Wagenfront sitzen. Außerdem gab es auch einen T2c, nämlich eine im Werk Puebla, Mexiko, produzierte Variante, ab 1991 mit dem wassergekühlten Motor (Wasserboxer) der Serie T3 bestückt.
Der Welterfolg des Bulli fand keine Beeinträchtigung durch sein Handicap, das in der fehlenden Durchlademöglichkeit auf dem Fahrzeugboden bis

Angeboten wurde auch der neue Transporter in den Standardausführungen Kastenwagen, Kombi, Sieben- oder Achtsitzer-Bus, Pritsche, Doppelkabine mit sechs Plätzen, Campingwagen (Westfalia) und Krankenwagen; daneben gab es eine Vielzahl von Sonderversionen. Schiebe- statt Flügeltüren – beim T1 zuletzt eine Option – gab es jetzt serienmäßig.

zur Heckklappe bestand. Die Heckmotor-Bauart mit stehendem Gebläse bedingte einen entsprechenden Kasten, unter welchem sich der Vierzylinder-Flachmotor befand. Doch trotz durchgehend flachem Ladeboden erreichte die Frontmotor-Konkurrenz zu keiner Zeit die Stückzahlen des Bulli. Der Ford FK 1000 alias Transit wurde von 1953 bis Ende 1965 256 000-mal verkauft – derweil war die Bulli-Produktion schon bei weit über anderthalb Millionen angelangt.
Erst 1990 wurde mit Einführung des T4, also der vierten Generation, alles anders: Motor und Antrieb waren vorn platziert. Die Heckmotor-Philosophie hatte ausgedient, die alten Argumente besaßen keine Gültigkeit mehr, Volkswagen bekannte sich zu einer neuen Weltanschauung – die Ära Nordhoff gehörte der Geschichte an.

Bei der ersten Ausführung des T2, hergestellt bis Mitte 1970, befanden sich die vorderen Blinker unterhalb der Scheinwerfer, und es gab seitliche Trittbretter an der Stoßstange (linke Seite).

Pritschenversion des T2 mit dem »Tresor« unterhalb der Ladefläche. Die Bugpartie mit der Lenkung war auf höhere Sicherheit im Falle einer Kollision ausgelegt.

Die auffälligste Veränderung beim T2 gegenüber dem T1 war die nunmehr einteilige, gewölbte Windschutzscheibe. Vorher hatte das Fahrzeug eine geteilte Frontscheibe mit planen Gläsern und kräftigem Mittelsteg aufgewiesen, das Dach wölbte sich darüber mit integriertem Frischlufteinlass. Der befand sich beim T2 nun unterhalb der Scheibe, abgedeckt durch ein waagerechtes Rippengitter. Im Fahrerhaus gab es neue Luftdüsen, die Zufuhr ließ sich per Bowdenzughebel regulieren.

Bei unverändertem Radstand von 2,40 m war der T2 vorn und hinten um je zehn Zentimeter verlängert worden. Neu im Angebot war ein Großraum-Kastenwagen mit hohem Dach aus Kunststoff (nur die ersten drei Monate wurde er mit einem Stahldach gebaut), ferner gab es jetzt eine serienmäßige Zweikreis-Bremsanlage mit vorderen Scheibenbremsen und eine neue Doppelgelenk-Hinterachse an Dreiecks-Längslenkern. Dadurch hatten sich die Straßenlage und der Fahrkomfort wesentlich verbessert.

Die Luxusausführung des Busmodells erhielt den Namen Clipper L (bis die Fluggesellschaft PanAm durchsetzte, dass VW auf diese von ihr für ihre Maschinen benutzte Bezeichnung verzichtete). Statt des Falt-

Pritschenwagen in der Ausführung als Doppelkabine. Jede der beiden Sitzbänke war für drei Personen vorgesehen; Gurtpflicht bestand noch nicht; es gab seit 1966 zwar Befestigungen für Gurte, doch erst ab August 1971 wurden auf Wunsch Dreipunkt-Sicherheitsgurte mit Aufrollautomatik ab Werk geliefert.

schiebedachs aus Gewebematerial wie beim Sambabus T1 war gegen Aufpreis ein Stahlkurbeldach erhältlich. Bei den Modellen mit Fahrerhausrückwand hatte das Reserverad seinen Platz unter den vorderen Sitzen, während es beim Bus und beim Kombi mit Durchgang zwischen den Frontsitzen hinten auf dem Motorkasten (in Fahrtrichtung links) montiert war.

Als der T2 den T1 ablöste, nahm sich die Fachpresse des neuen Modells mit großem Interesse an. »Unsere Erwartungen wurden weit übertroffen ... Erhebliche Verbesserungen nicht nur an Raum, Zugänglichkeit und Einzelheiten, sondern vor allem in Komfort, Straßenlage und Innengeräuschdämpfung,« schrieb »auto, motor und sport« unmittelbar nach der Vorstellung des T2. »Durch und durch ein Fortschritt: leichte Bedienbarkeit, gute Übersichtlichkeit ...« Als Beeinträchtigung sah man nach wie vor den Motorkasten im Heck an, und auch die Getriebeschaltung wünschte man sich exakter. Sehr gut beurteilte man den Eindruck, den der Motor machte. »Bekanntlich sind wir keine Liebhaber des VW-Motors, aber diese Version ist die gesündeste Version und besonders elastisch«, konnte man lesen.

Blick in den Motorraum des T2, der ab Modelljahrgang 1972 größere Rückleuchten erhielt.

Durchblickzeichnung der 1972er-Busversion.

Die kleineren Rückleuchten gab es beim T2 noch bis Ende Juli 1971.

Die Nutzlast des Bullis betrug eine Tonne.

Millionenerfolge

1967, im Jahre der Einführung des T2, feierte VW die Auslieferung des 2 000 000. Transporters. Allein vom T2 wurden bis zum August 1979 insgesamt rund 3 Millionen hergestellt. Die Zulassungszahlen in der Bundesrepublik Deutschland hielten sich von 1968 an bemerkenswert konstant in einem Bereich zwischen 47 000 und 80 000, wobei 1970 mit 80 354 beim Kraftfahrt-Bundesamt registrierten Neuzulassungen das beste Jahr darstellte. 1978, das letzte vollständige T2-Jahr (1979 gab es ab August schon den T3) gab es noch 57 062 Neuzulassungen.

Der VW-Transporter hatte als ein ausgereiftes, bis ins Detail perfekt durchkonstruiertes Fahrzeug weltweit Anerkennung gefunden. Der erste 25-PS-Kastenwagen hatte 1950 nicht mehr als 5850 D-Mark gekostet, der Kombi 6350 D-Mark. Bis 1967 hatten sich die Preise nur mäßig nach oben bewegt, die Basisausführung, jetzt mit 44 PS, stand noch immer mit weniger als 6500 D-Mark im Katalog.

Modellpflege am laufenden Band

Noch im Jahr seiner Einführung wurde der T2 mehrfach optimiert, an der Ölzuführung zur Kurbelwelle, an der Nockenwelle, am Vergaser. Der Kunde musste hierüber nicht unbedingt in Kenntnis gesetzt werden, denn solche Details interessierten ihn kaum. Signifikant aber war der Übergang von der Pendelachse auf eine Schräglenkerachse Anfang August bei gleichzeitigem Entfall einer Untersetzung an den Antriebsrädern. Zugleich wurde das Fassungsvermögen des Benzintanks von 40 auf 60 Liter erhöht, und es gab Befestigungspunkte für den Einbau von Sicherheitsgurten.
Im Januar 1968 wurde der Hochraum-Kastenwagen, jetzt mit sechsfach quer verripptem Kunststoffdach, auch mit einer hohen Schiebetür geliefert. Die nutzbare Höhe in diesem Fahrzeugmodell betrug 1,76 m gegenüber 1,40 m im Standardmodell.
Weitere Neuerungen gingen im August 1967 in Serie: Es gab einen 1584-cm^3-Motor von 47 PS in Verbindung mit einer neuen Schräglenker-

Geradezu luxuriös gibt sich die Busvariante des T2. Das Reserverad befindet sich längst nicht mehr hinter der Rückenlehne des Beifahrersitzes, sonder steht (wesentlich besser zugänglich) senkrecht im rückwärtigen Teil über der Motorraum-Abdeckung. Der Nachfolger des Sambabus trug ab 1967 eine Zeit lang die Bezeichnung »Clipper«, doch dagegen meldete die amerikanische Fluggesellschaft PanAm erfolgreich Protest an.

Man konnte das Reserverad auch vorn an der Frontverkleidung montieren, eine Option, von der besonders jene Fahrzeugbesitzer Gebrauch machten, die ihren Bulli als Wohnmobil verwendeten.

Hinterachse. Die gesamte Rahmenanlage und auch die Türen versah man mit zusätzlichen Versteifungen, und die Lenksäulenhalterung bekam aus Gründen der Sicherheitsoptimierung eine Soll-Knickstelle. Weitere Änderungen im Verlauf des Jahres 1968 betrafen eine leistungsstärkere Lichtmaschine, die Einführung stärker dimensionierter Federdrehstäbe, ein neu aufgebautes Getriebe (jedoch mit unveränderten Übersetzungen) sowie die Option einer Zweikreis-Bremsanlage.

Ein Jahr später wurde die Motorleistung – bei unverändertem Hubraum – auf 50 PS gesteigert. Hierfür hatte man die Zylinderköpfe mit neuen, jetzt doppelten Einlasskanälen und gegabelten Ansaugrohren versehen. Die Verdichtung von 7,7:1 konnte man dabei sogar auf 7,5:1 zurücknehmen. An äußerlichen Veränderungen fielen die Felgen mit kleinerem Lochkreis auf, die Räder erhielten die Radzierkappen des VW 1500/1600 (Typ 3). Die

Bis dass der Rost uns scheidet … Viele Bullis wurden über mehrere hunderttausend Kilometer bewegt und schonungslos hergenommen …

Reifenbreite blieb die gleiche. Geändert wurde unter anderem der Verriegelungsmechanismus der Schiebetür. Ab August 1970 gab es auch ein neues Zündanlassschloss an der Lenksäule.

Eine wichtigere Neuerung führte VW im Sommer 1971 ein: Dem 1,6-Liter-Modell wurde eine 1,7-Liter-Ausführung mit 66 PS bei 4800 U/min zur Seite gestellt, bei der das Gebläse nicht mehr stehend positioniert war, sondern raumsparend oberhalb der Kurbelwelle. Modelle mit diesem relativ starken Vierzylinder stattete man zudem serienmäßig mit einem Bremskraftverstärker aus. Der neue Motor entsprach dem im VW 411. Die damit ausgelieferten Fahrzeuge erhielten serienmäßig Gürtelreifen der Dimension 185 SR 14.

Allen Ausführungen spendierte man ab August 1971 – der Werksgepflogenheit entsprechend also dem Modelljahrgang 1972 zugerechnet – größere senkrechte Heckleuchten mit integriertem Rückfahrscheinwerfer, eine wirksamere Geräuschdämpfung und bei den Ausführungen geschlossener Bauart eine weiter nach hinten versetzte Tankklappe. Damit lag sie nun außerhalb des Schiebetürenbereiches.

Die vorderen Blinkleuchten – größer als bisher und eher quadratisch als länglich – befanden sich jetzt rechts und links vom Lufteinlassgitter. Die Aussage, dass die Blinker auch von der Seite her gut sichtbar seien, galt nur mehr bedingt.

Im August 1972 versah man den T2 mit weiteren Optimierungen; zu ihnen gehörten eine überarbeitete Vorderwagenpartie mit gegabeltem Chassis sowie Deformationselementen, was der passiven Sicherheit des Fahrzeugs zugute kam. Zugleich gab man den Stoßstangen ein neues, formstabileres Profil. Diese »Eisenbahnschienen« zierten auch die Fahrzeuge der anderen VW-Modellreihen.

Ab August 1972 befanden sich die vorderen Blinker nicht mehr zwischen Stoßstange – die jetzt massiver, im sogenannten »Eisenbahnschienen-Look« ausgeführt waren – und Scheinwerfer, sondern beiderseits der Lüftungsgitter. Zahlreiche weitere Änderungen im Detail waren vorgenommen worden; entfallen waren die Trittstufen unterhalb der vorderen Türen.

Schneesicherer Marschierer

Die Fachzeitschrift »Lastauto und Omnibus« bewegte 1974 und 1975 einen VW T2 über 50 000 Testkilometer. »Das Fahrzeug hat sich in zwei Wintern bewährt und seine Tauglichkeit als anerkannt schneesicherer Marschierer unter Beweis gestellt ... Im Alltag bestätigte sich die Gebrauchstüchtigkeit für gewerbliche Transporte und private Fahrten. Abgesehen von einer Störung in der Kraftstoffzufuhr verrichtete der Motor seine Arbeit ohne Tadel.« Man stellte die hohe Wertbeständigkeit und die geringen Werkstattkosten in den Vordergrund: 3,3 Pfennig pro Kilometer. Den fälligen Ölwechsel alle 5000 Kilometer erachtete man in jenen Jahren als üblich, einen Durchschnittsverbrauch von 15,2 Liter pro 100 km als nicht sonderlich tadelnswert. Niedrigster registrierter Kraftstoff-Durchlauf: 13,8 l/100 km. Die zahlreichen beim T2 seit seiner Einführung vorgenommenen Verbesserungen machen ihn zum besten Pferd aus »wolfsburgisch-niederdeut-

VW-Bus T2 von 1974 mit seitlichen Schutzleisten, die jetzt in der Höhe der Türgriffe verlaufen. Sie gehörten zur Ausstattung des »Sondermodells«. Das VW-Zeichen am Bug ist beim T2 wesentlich kleiner als beim T1.

Bulli der frühen 1970er-Jahre als Werbefahrzeug des AvD sowie ein von ARAL der Björn-Steiger-Stiftung gespendetes Fahrzeug, die es ihrerseits dem Roten Kreuz zur Verfügung stellte.

scher« Zucht, schrieb die »Gute Fahrt« im Juli 1970. »Zunächst in erster Linie für den gewerbsmäßigen Einsatz als Lieferwagen oder leichter Bus gedacht, gewann der wirtschaftliche, handliche T2 bald auch als großer Pkw an Interesse ... So kam er zwangsläufig auch in die Hände solcher Leute, für die es selbstverständlich ist, an einen Wagen mit dem Wolf im Wappen über das Allernötigste hinaus auch eine wohlbemessene Dosis persönlich-liebevoller Fürsorge zu wenden.«

T2 Rettungsfahrzeug der DLRG.

Im Jahre 1973 konnten die Nutzfahrzeugbauer in Hannover-Stöcken ihre dritte, auf ihren Bändern gefahrene Million vermelden. Die Tagesproduktion betrug inzwischen 1200 Stück; man arbeitete in drei Schichten. Und es gab wieder, wie üblich zum Modelljahreswechsel, ein paar Neuerungen. So hatte man ab August 1973 die Klappe über dem Tankeinfüllstutzen eingespart: Dessen verschließbarer Deckel schloss bündig mit der Karosserieseitenwand ab. Der 1,6-Liter-Motor bekam eine Drehstrom-Lichtmaschine, und gegen Mehrpreis bot VW eine Scheinwerfer-Scheibenwaschanlage an. 1973 erfuhr auch der 1,7-Liter-Boxer eine Veränderung: Er erhielt eine von 60 auf 63 mm vergrößerte Bohrung und dadurch 1785 cm^3 Hubraum, gut für 68 PS bei 4200 U/min und ein erhöhtes Drehmoment von 13,2 mkp (129,4 Nm).
1975 erweiterte man den Hubraum des größeren Motors abermals, und zwar auf 1970 cm^3 (94 x 71 mm), in einer Leistung von 70 PS und einem Drehmoment von 14,3 mkp (140,3 Nm) resultierend. Die Zweikreis-Bremsanlage ergänzte man um einen Bremskraftregler an der Hinterachse, und wenn man das Fahrzeug mit zusätzlichen Schraubenfedern an der Hinterachse bestellte, erhöhte sich die erlaubte Zuladung um 200 auf 1200 kg, was ein maximal zulässiges Fahrzeug-Gesamtgewicht von 2500 kg ergab.

Ablösung nach drei Jahrzehnten

1978 wurde der 4500000. Transporter ausgeliefert. Und noch war das Produktionsende des T2 nicht in Sicht. Am Nachfolger mit wassergekühltem Motor wurde zwar bereits gearbeitet, die Umstellungen der Bänder vorbereitet. Noch aber war von einer möglichen Ablösung draußen keine Rede. Wie üblich gab es eine Reihe von Änderungen, wenn auch nicht mehr so gravierende. Zu ihnen zählten Automatikgurte an den Vordersitzen, eine neue Abdeckklappe für die Regulierung der Frischluftzufuhr sowie Zylinderköpfe mit Hydrostößeln und neuen Kipphebeln.
Nach einer Produktionszeit von über 30 Jahren stellte VW im Mai 1979 dann ein neues Transporter-Modell vor, den T3. Er ging Anfang August in Serie, und mit ihm begann ein neuer Abschnitt, unter anderem gekennzeichnet durch die Einführung einer Dieselversion, wie sie als T2 nicht erhältlich gewesen war.

Motorjournalisten auf Testfahrt mit einem Werks-T2. Für ein Nutzfahrzeug verfügte der jüngste Bulli über eine erstaunlich gute Straßenlage, wobei sich in beladenem Zustand eine möglichst gleichmäßige Gewichtsverteilung empfahl. Überfrachten wie auch zu starke Hinterachsbelastung konnten zu Auswirkungen auf die Lenkeigenschaften führen.

Die Konkurrenten des Bulli

Für das Konzept, nach welchem der VW-Transporter entstanden war, kann Wolfsburg keine Alleinstellung beanspruchen. Bei Citroën war schon 1939 ein Kastenwagen in Pkw-Dimension entstanden, dessen Serienbau indes nicht vor 1948 begann (der Konkurrent Renault präsentierte seine Estafette jedoch erst zehn Jahre später). Ford stellte 1953 den Transit vor, der seinen griffigen Namen aber nicht vor 1961 bekam und bis dahin die dürre Bezeichnung FK1000 trug – und pikanterweise wie der VW Typ 2 eine Konstruktion des »Überläufers« Alfred Haesner war. Die Borgward-Gruppe kam mit dem attraktiven Goliath Express auf den Markt, der von 1951 bis 1961 in knapp 14 000 Exemplaren ausgeliefert wurde, und in gleicher Größenordnung war von 1946 bis 1954 Gutbrod vertreten. In minimalen Stückzahlen gab es damals auch einen Ostner Rex. Einzig die Tempo-Baureihen Matador ab 1950 (übrigens mit einem Motor von VW, bevor ein 1,5-Liter-Austin-Reihenmotor den luftgekühlten Boxer ablöste), Wiking ab 1952 und Rapid

Von links oben im Uhrzeigersinn:
- *Citroën HY, angeboten ab 1948*
- *Renault Goélette von 1958, Vorgänger der Estafette*
- *Transit-Vorgänger Ford FK 1000, 1957–1959*
- *Goliath Express von 1959*

Von links oben im Uhrzeigersinn:
- *Gutbrod Atlas 800 von 1951*
- *Tempo Wiking von 1955*
- *Mercedes-Benz 306 D von 1970*
- *DKW Schnelllieferwagen von 1949*

ab 1957 kamen auf Stückzahlen, die für einige Präsenz im Straßenbild sorgten: Es waren rund 125 000 bis zur Übernahme der Herstellerfirma Vidal durch Rheinstahl-Hanomag. 1969 konzentrierte die Rheinstahl-Gruppe ihre Nutzfahrzeug-Aktivitäten unter Beteiligung von Daimler-Benz, und aus dem früheren Tempo Matador wurde ein im ehemaligen Bremer Borgward-Werk gefertigter Mercedes Transporter, anfangs de facto ein Hanomag-Henschel, der den Mercedes-Stern erhielt, wenn er statt des Austin-Vergasermotors einen OM 615-Diesel (2,0 Liter, 55 PS) aufwies. Der von 1949 bis 1962 in Ingolstadt gebaute DKW Schnelllaster mit rund 58 000 Exemplaren zeigte ebenfalls Flagge. Sein Handicap, der Zweitaktmotor, entsprach auch dem des Goliath Express. Alfa Romeo, Fiat, Barkas, auch Commer sowie die englische General-Motors-Tochter Bedford – sie alle zogen irgendwann nach, rangierten aber zumindest bei uns sämtlich unter »ferner liefen«. Die von ihnen produzierten Stückzahlen standen in schwacher Relation gegenüber dem VW Typ 2, von dem von 1950 bis 1967 als Modell T1 gut 1,83 Millionen gebaut und verkauft wurden, und vom nachfolgenden T2 weitere 2,5 Millionen. Es verwundert nicht, dass angesichts solcher Stückzahlen der Bulli auch ein Export-Weltmeister wurde.

WOB VW 22H

Silberhütte Lautenthals Glück

BECK's BIER
BECK's BIER
BECK's BIER
...löscht Männer-Dürst!
Das meistexportierte Bier Deutschlands

1956
ULANCE

HB VW 764

Es gibt eine rege VW-Bulli-Szene, die sich der Pflege, Erhaltung, Restaurierung und Dokumentation gerade der Modellreihen T1 und T2 annimmt. Ob als Privat-, Arbeits-, Behörden- oder Werbefahrzeug – allen Versionen und Spezialausführungen kann man auf einschlägigen Treffen, Ausstellungen und Clubausfahrten begegnen, die nicht nur in Europa, sondern auch in Kalifornien, Südafrika oder Australien stattfinden. Puristen achten darauf, dass jedes Teil, jeder Schalter, jeder Farbton dem Original entspricht, und auf Teilemärkten werden sie auch fündig. Der Bulli ist zu einem Kultmobil geworden, wie es sich Ben Pon im Jahre 1947 wohl kaum vorgestellt hatte ...

Der Herausgeber

Peter Kurze, geboren 1955 in Bremen, studierte Maschinenbau und Betriebswirtschaft. Als Autor und Verleger veröffentlichte er zahlreiche Werke zu Themen der deutschen Industriegeschichte. Sein umfangreiches Fotoarchiv umfasst vor allem Material zu den Fahrzeugen der Nachkriegsjahrzehnte, denn diesen »Bewegten Zeiten« gilt sein besonderes Interesse.

Fotonachweis

(o = oben, u = unten, M = Mitte, l = links, r = rechts)

Carl F. W. Borgward: Seite 9

Paul Botzenhardt: Seiten 25–28, 38, 39or, 42u, 52, 53, 54u, 55–61, 79o+u, 81, 82, 85, 89–91, 101u, 104, 106, 107ur, 108ol, 108or und 108ul

Citroën: Seite 107ol

Frankenwerk: Seite 6

Peter Kurze: Seiten 100o, 109, 110 und 111

Hans Maletz: Seiten 36o, 37, 39ol, 41, 42o und 105

Renault: Seite 107or

Gerhard Schammelt: Seiten 12u, 13, 14u, 29–35, 36u, 40, 43–51, 62–78, 79M, 80, 83, 86–88, 102 und 108ur

Halwart Schrader: Seiten 5, 7, 8 und 101o

Volkswagen AG: Seiten 10, 11, 12o, 14o, 15-24, 54o, 92–99, 100u und 103

Karl-Heinz Witte: Seite 107ul

Dank

Für die Unterstützung bedanke ich mich sehr bei Ludolf von Alvensleben, Halwart Schrader und der Volkswagen AG, die mir vor einiger Zeit freundlicherweise Fotos zur Verfügung stellte.

Legendäre Autos, pure Nostalgie

»Bewegte Zeiten« – diese Buchreihe widmet sich den Fahrzeugen, mit denen sich das Land in den Wirtschaftswunderjahren und danach unaufhaltsam motorisierte, und dem Charme dieser Epoche voller Aufbruchstimmung.

ISBN 978-3-7688-1551-2

ISBN 978-3-7688-3271-7

ISBN 978-3-7688-2601-3

ISBN 978-3-7688-1646-5

ISBN 978-3-7688-1924-4

ISBN 978-3-7688-1988-6

ISBN 978-3-7688-1724-0

ISBN 978-3-7688-2511-5

ISBN 978-3-7688-1725-7

ISBN 978-3-7688-1810-0

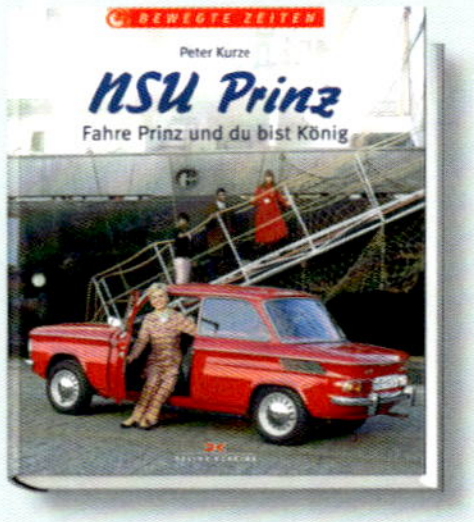

ISBN 978-3-7688-3151-2

ISBN 978-3-7688-3360-8

ISBN 978-3-7688-2653-2

ISBN 978-3-7688-2470-5

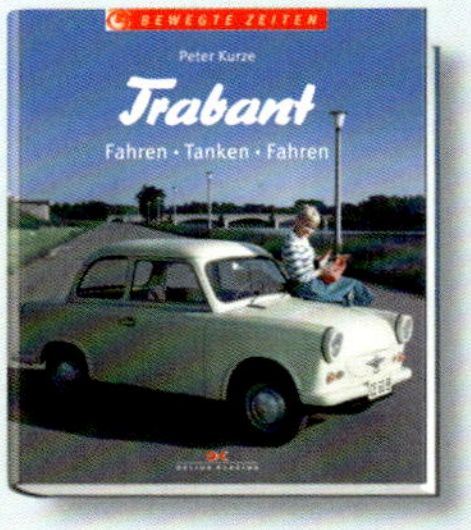

ISBN 978-3-7688-1476-8

ISBN 978-3-7688-1477-5

ISBN 978-3-7688-2455-2

Erhältlich im Buch- und Fachhandel oder unter www.delius-klasing.de

DELIUS KLASING